Angelika Kipp

Ganz große Schneemänner

Fensterbilder aus Tonkarton

frechverlag

Von der beliebten Autorin Angelika Kipp sind im frechverlag zahlreiche andere fröhliche Titel erschienen. Hier eine Auswahl:

TOPP 1968

TOPP 1834

TOPP 1835

TOPP 1572

TOPP 1962

TOPP 1969

Fotos: frechverlag GmbH & Co. Druck KG, 70499 Stuttgart; Ullrich & Co., Renningen
Zeichnungen: Berthold Kipp

Auflage: 5. 4. 3. | Letzte Zahlen
Jahr: 1999 98 97 96 | maßgebend

frechverlag GmbH + Co. Druck KG, 70499 Stuttgart

ISBN 3-7724-1970-4 · Best.-Nr. 1970

Druck: frechverlag GmbH + Co. Druck KG, 70499 Stuttgart

Dicke weiche Schneeflocken fallen vom Himmel, die Landschaft, die anfangs noch unter einem Puderzucker-Hauch verschwunden ist, liegt nun unter einer dicken Schneeschicht. Und mitten in dieser Schneelandschaft tapsen ganz nette, weiße Gesellen umher, ganz schön große Gesellen ...! Sie fahren Schlitten, rollen prächtige Schneekugeln und strecken ihre roten Nasen in die kalte Winterluft – die ganz großen Schneemänner sind unterwegs! Da gibt es auch welche von der eleganten Sorte, die anderen tauchen gleich in ganzen Gruppen auf, und manch einer sucht eine winterliche Bekanntschaft.

Ob allein oder gleich in richtigen Schneemann-Scharen, diese ganz großen weißen Männer haben sich Ihr Fenster ausgesucht, um diesen Winter zu genießen.

Machen Sie mit?

Viel Spaß beim Basteln!

Angelika Kipp

Arbeitsmaterial

- *Tonkarton (in verschiedenen Farben erhältlich)*
- *Schwarzer und roter Filzstift*
- *Bleistift*
- *Anspitzer*
- *Weicher Radiergummi*
- *Transparentpapier*
- *Schere, Bastelmesser*
- *Schneideunterlage*
- *Klebstoff*
- *Faden zum Aufhängen*
- *Nähnadel*
- *Evtl. Kreisschablone für Augen*

Tips und Tricks beim Basteln

Gestaltung des Motivs von der Vorder- und Rückseite

Ein frei hängendes Fensterbild sollte sowohl von der Vorder- als auch von der Rückseite gearbeitet werden. Hierzu benötigen Sie die meisten Teile in doppelter Ausführung.
Die Teile werden nur spiegelverkehrt, aber in der gleichen Reihenfolge wie auf der Vorderseite angeordnet.

Deckungsgleiches Kleben und Aufmalen

Die Rückseite sollte absolut **dekkungsgleich** geklebt und gezeichnet werden, da weißer Tonkarton durchscheint.
Stellen Sie die Vorderseite des Motivs komplett zusammen, dann drükken Sie die Bastelarbeit bei Tageslicht mit der bereits fertigen Seite gegen eine Fensterscheibe. Die nun durchscheinenden Teile können dann deckungsgleich aufgeklebt oder nachgezeichnet werden.

Aufhängung

Es gibt verschiedene Möglichkeiten, ein Fensterbild aufzuhängen. Sie können sich zwischen dem altbewährten Faden oder einem Klebeband entscheiden.
Wenn Sie mit einem Faden arbeiten wollen, balancieren Sie das Motiv zwischen Daumen und Zeigefinger aus, bis Sie die richtige Stelle gefunden haben. Mit einer Nadel stechen Sie dann einige Millimeter vom Rand entfernt in den Tonkarton und ziehen nun den Faden durch. Je größer das Motiv ist, um so eher sollten Sie mit zwei Fäden arbeiten.

Schritt-für-Schritt

Legen Sie ein Transparentpapier auf den Vorlagenbogen, und übertragen Sie mit einem Bleistift die benötigten Einzelteile ohne Überschneidungen.

❄ ❄ ❄

Kleben Sie das Transparentpapier auf eine dünne Pappe, und schneiden Sie die Einzelteile heraus. Fertig sind die Schablonen! Mit Hilfe dieser Schablonen arbeiten Sie die benötigten Einzelteile, indem Sie sie einfach auf Tonkarton der gewünschten Farbe legen, mit einem Bleistift umfahren und dann die einzelnen Teile ausschneiden.

❄ ❄ ❄

Fügen Sie die Einzelteile zu dem gewünschten Motiv zusammen – das Foto und die Vorlage geben Positionierungshilfen. Dann werden noch die Gesichter und alle anderen Innenlinien (s. Vorlagenbogen) aufgezeichnet.

Meine schönsten Luftballons

Die drei lustigen Gesellen bekommen jeweils ihre Augen, den Mund und die Wickelkante des Schals aufgezeichnet. Jeder will dann noch seine lustige Nase; der Schal und die Mütze schützen vor der Kälte.
Der Ballon wird am aufgeklebten Arm und von hinten an der Mütze fixiert. Ob sie jetzt gleich in den Winterhimmel entschweben?

Na, Du Kleiner!

Die beiden Freunde fragen zuerst nach ihren Gesichtern und allen gepunkteten Linien (s. Vorlagenbogen). Der weiße Geselle erhält seine Möhrennase und den wärmenden Schal. Dann ergänzen Sie den rechten Arm, die Mütze mit dem Pompon und die dicken Knöpfe.

Fixieren Sie die beiden auf der Schneefläche, wo sie sich angeregt unterhalten können – vielleicht über das eisige Winterwetter?

Zwei Männer in Weiß

Zeichnen Sie die Gesichter der beiden Schneemänner sowie alle gepunkteten Linien (s. Vorlagenbogen) auf. Die Möhrennase verleiht ihnen ihr typisches Schneemanngesicht.
Der zweiteilige Hut, die dreiteilige Wollmütze und die Schals wärmen die eiskalten Männer.
Nun fehlen nur noch die Knöpfe und der dreiteilige Besen.
Recht frohgelaunt stehen sie in der weißen Landschaft, anscheinend gefällt ihnen die Kälte …!

Wer hat die größte Schneekugel?

Für die Gesichter der Schneemänner und alle gepunkteten Linien (s. Vorlagenbogen) benötigen Sie einen schwarzen und einen roten Filzstift. Die Grundform der beiden mit ihrer Schneekugel ist gleich. Sie erhalten ihre typischen Nasen. Die Mützen sowie die Schals sind bei diesem Wetter unverzichtbar – beim roten Schal wird das kleinere Teil erst nach dem Fixieren des Armes aufgeklebt. Hinter den Armen sitzen die Schneekugeln. Wer rollt wohl den größten Schneeball?

Ein kleines Päuschen!

Der erschöpfte Schneemann erhält zunächst sein Gesicht und alle gepunkteten Linien (s. Vorlagenbogen). Fixieren Sie die Handschuhe an den Armen. Dann wird der rechte Arm mit dem zweiteiligen Besen aufgesetzt; es folgen der Schal und der Zylinder.

Mit dem linken Arm stützt der müde Schneemann seinen Kopf, auf dem die Möhrennase haftet.
Im Schutz der Tannen kann er hier ein wenig Ruhe finden.

Eine rasante Schlittenfahrt

Damit die beiden schnell den Schneehügel hinabsausen können, zeichnen Sie ihnen die Gesichter und alle gepunkteten Linien (s. Vorlagenbogen) auf. Die Körperform der Schneemänner und die Schlittenform sind bei beiden gleich. Auf die grünen Kleidungsstücke werden die gelben Punkte aufgeklebt; überstehende Teile werden mit der Schere angeglichen. Die Schneemannkinder bekommen zuerst den Schal umgebunden, dann die Mütze aufgesetzt. Plazieren Sie die zwei mit ihrer Möhrennase und dem befestigten Arm auf dem dann bereitgestellten Schlitten, und nun kann die Fahrt beginnen.

Wintersport

Geben Sie dem kleinen, weißen Sportsmann das Gesicht und alle gepunkteten Linien (s. Vorlagenbogen).
In seinem rechten Arm hält der Schneemann einen Besen.
Binden Sie dem Sportler den zweiteiligen, dicken Schal um, und setzen Sie ihm die Kappe auf.
Seine Nase ist von der Kälte schon ein wenig rötlich geworden … Nun schnallen Sie dem Schneemann noch die Skier unter, und abwärts geht's!

Wo kommst Du denn her?

Da staunt der dicke Schneemann nicht schlecht, als plötzlich ein Pinguin vor ihm steht. Zeichnen Sie bei den beiden zunächst die Augen, den Mund bzw. den Schnabelstrich und alle gepunkteten Linien (s. Vorlagenbogen) auf. Der gut genährte Schneemann erhält seine Möhrennase, den Arm und die wärmenden Kleidungsstücke. Beim Pinguin fixieren Sie das weiße Bauchteil mit den untergesetzten Füßen unter dem schwarzen Körperteil, das Auge und den Schnabel darauf. Die Mütze mit dem Pompon und der Schal halten ihn schön warm.

Schneemannkinder

Damit dieser muntere Nachwuchs im Schnee spielen kann, zeichnen Sie die Gesichter und alle gepunkteten Linien (s. Vorlagenbogen) auf. Die Schals und die Pudelmützen sind als nächstes an der Reihe. Die Möhrennasen verleihen dem Duo ein nettes Aussehen.

Der kleine Schneemann ganz in Rot bekommt noch einen zweiteiligen Besen in die Hand gedrückt, sein „gelber" Freund hält die Arme ans Gesicht.

Alle mir nach!

Bevor die rundlichen, weißen Männer losmarschieren können, zeichnen Sie ihnen noch jeweils das Gesicht und den Bauchstrich auf. Stolz sind diese rundlichen Gesellen auf ihren zweiteiligen Zylinder und die zweiteilige Krawatte. Den Besen halten sie im linken Arm.
Und ab durch den tiefen Schnee ...!

Besuch!

Zeichnen Sie den beiden Freunden das Gesicht und alle gepunkteten Linien (s. Vorlagenbogen) auf. Stolz ist der weiße Mann auf seine schöne rote Hose, die von einem Träger samt Knopf gehalten wird. Wickeln Sie ihm den zweiteiligen Schal um den Hals, und setzen Sie ihm den dazu passenden Hut auf. Nun braucht der Schneemann nur noch seine Möhrennase. Der Vogel bekommt seine Krallen unter, den Schnabel und den Schal auf dem Körper fixiert. Nun kann der kleine Sänger auf dem Arm des Wintermannes Platz nehmen. Vielleicht der erste Frühlingsbote?

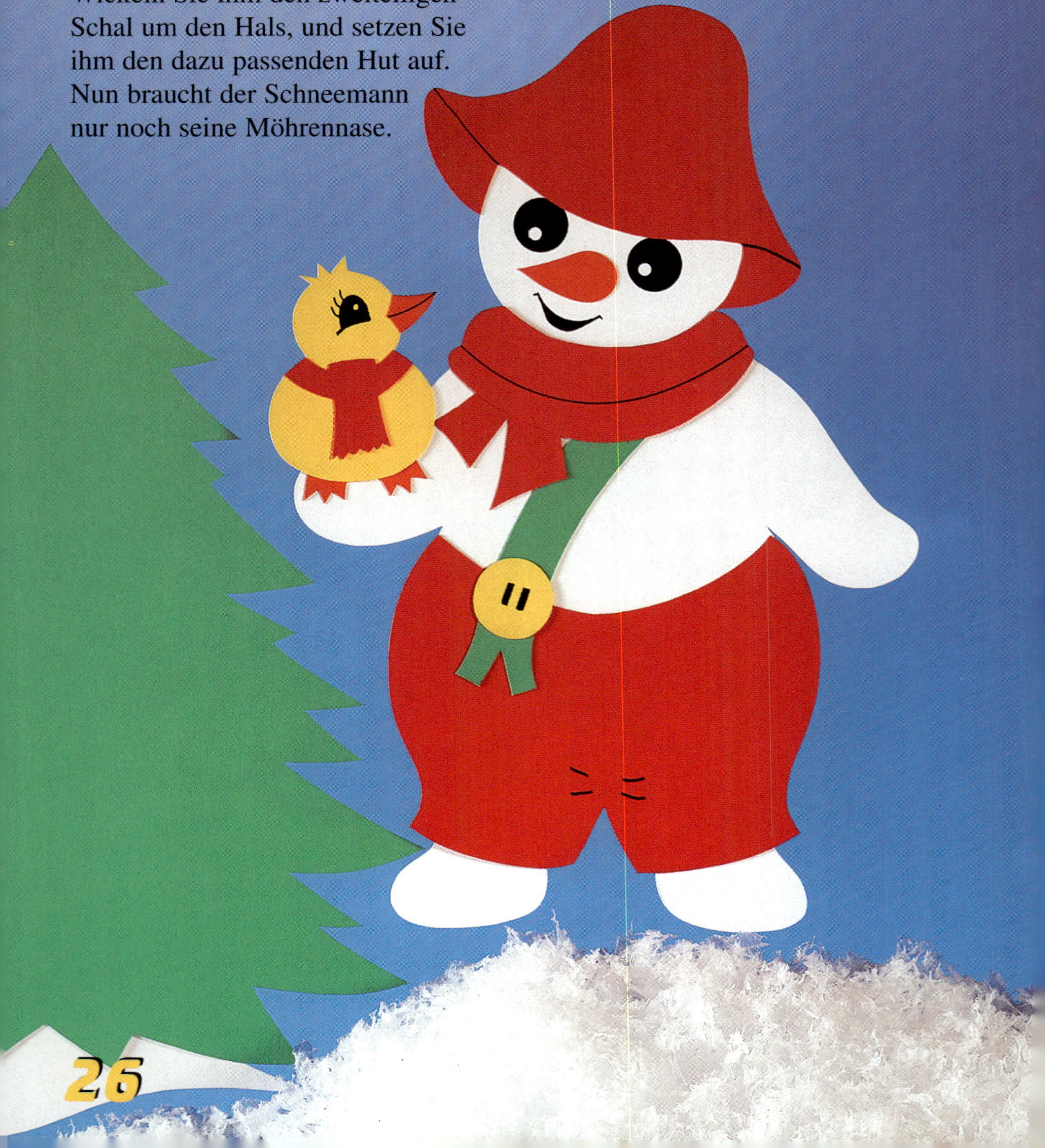

Ein wenig zu groß!

Dieser lustige Schneemann bekommt sein Gesicht und alle gepunkteten Linien (s. Vorlagenbogen). Der zweiteilige Schal hält ihn schön warm. Die Möhrennase und die dicken Knöpfe nicht vergessen!
Ziehen Sie ihm die etwas zu große Mütze über den Kopf, aber passen Sie auf, daß der kleine Mann noch etwas sehen kann.

Juchhe! Ich bin der Schneemann!

Zeichnen Sie dem lebenslustigen Schneemann das Gesicht auf, die Nase wird aufgeklebt. Auf seine neue Hose, die von den Hosenträgern und den gelben Knöpfen gehalten wird, ist er besonders stolz. Der Schal wärmt ihn noch zusätzlich. Seinen zweiteiligen Hut hält er hoch.

Schlittschuhläufer

Geben Sie diesen Sportsmännern zunächst das Gesicht. Ebenso werden der Knopf auf der Mütze und alle gepunkteten Linien (s. Vorlagenbogen) aufgemalt.

Jeder Schneemann bekommt die Nase angeklebt. Vor der eisigen Kälte schützen die Mütze und der zweiteilige Schal. Nun fehlt nur noch der Arm, und das Eis ruft …!

Ein wahrer Gentleman

Für das Gesicht des weißen Mannes, die Punkte des Hutbandes und der Krawatte sowie für alle gepunkteten Linien (s. Vorlagenbogen) ist ein schwarzer Filzstift gefragt.

Der zweiteilige Zylinder wird hinter das Kopfteil, die Nase, die Krawatte und der zusammengefügte Besen werden auf den Körper geklebt. Ein wahrer Gentleman ...